Philip Gichuki

ECOFISIOLOGIA DO FÓSFORO DAS CULTURAS

Philip Gichuki

ECOFISIOLOGIA DO FÓSFORO DAS CULTURAS

O fósforo e o seu valor para as culturas

ScienciaScripts

Imprint

Cover image: www.ingimage.com

This book is a translation from the original published under ISBN 978-3-659-69003-7.

Publisher:
Sciencia Scripts
is a trademark of
Dodo Books Indian Ocean Ltd. and OmniScriptum S.R.L publishing group

120 High Road, East Finchley, London, N2 9ED, United Kingdom
Str. Armeneasca 28/1, office 1, Chisinau MD-2012, Republic of Moldova, Europe
Managing Directors: Ieva Konstantinova, Victoria Ursu
info@omniscriptum.com

Printed at: see last page
ISBN: 978-620-8-50980-4

FÓSFORO E O SEU VALOR PARA AS CULTURAS

O processo pelo qual as plantas transformam a energia solar em alimentos, fibras e óleo requer fósforo. O fósforo é essencial para a fotossíntese, o metabolismo do açúcar, a transferência e armazenamento de energia, a divisão celular, o crescimento celular e a transferência de informação genética.

O valor do fósforo para

- É essencial para o transporte e armazenamento de energia e para a fotossíntese.
- É essencial para a divisão celular e o metabolismo do açúcar.
- Uma quantidade suficiente de fósforo promove uma maturação mais rápida, um maior rendimento dos grãos e uma melhor qualidade das culturas.
- Aumenta o desenvolvimento das flores, fortalece os caules e facilita o crescimento das raízes.
- Apoia a saúde geral das plantas e a resistência às doenças.

Mineralização do fósforo

O fósforo (P) é um elemento necessário para todos os organismos vivos na Terra. É um nutriente vital que é necessário para o crescimento e desenvolvimento de plantas e animais, que são as fontes dos nossos alimentos. Cerca de 0,2 por cento do peso seco de uma planta é constituído por fósforo, que se encontra principalmente nos componentes dos tecidos, incluindo fosfolípidos, ácidos nucleicos e trifosfato de adenosina (ATP). O fósforo (P) é o segundo nutriente mais limitante, a seguir ao azoto (N). Pode restringir a produtividade das culturas e abrandar o crescimento e o desenvolvimento das plantas. No entanto, a presença de demasiado fósforo no solo pode prejudicar o ecossistema, pois pode gerar uma proliferação de algas que diminui a qualidade da água e entrar nos sistemas de água doce através do escoamento superficial. É possível criar sistemas de produção de culturas rentáveis com um melhor controlo do fósforo, o que também reduz os efeitos adversos sobre a água.

Este documento tem como objetivo explicar as formas, transformações e ciclos do fósforo no solo. Uma vez que o fósforo não existe sob a forma gasosa, o ciclo do fósforo é distinto e difere do ciclo do azoto. Este documento fornece conhecimentos básicos sobre os vários tipos de fósforo existentes no solo e os factores que influenciam a disponibilidade de fósforo para a produção de culturas.

TIPOS DE FÓSFORO PRESENTES NO SOLO

Existem dois tipos de fósforo no solo: orgânico e inorgânico. O fósforo total no solo é constituído por estes dois tipos combinados. Oitenta por cento do fósforo no solo é imóvel e não pode ser absorvido pelas plantas, apesar do facto de as concentrações totais de fósforo no solo variarem entre 200 e 6.000 libras por acre.

A maior parte do fósforo do solo, 35 a 70 por cento, encontra-se em formas inorgânicas e os restantes 30 a 65 por cento encontram-se em formas orgânicas que não estão disponíveis para as plantas. Os microrganismos do solo e os restos de plantas ou animais em decomposição são exemplos de fontes orgânicas de fósforo. Estas formas orgânicas de fósforo são processadas e transformadas em formas que as plantas podem utilizar pelos microrganismos do solo.

Fósforo inorgânico

Esta piscina é constituída por fósforo inorgânico que foi dissolvido numa solução de água e solo e é facilmente absorvido pelas plantas.

Fósforo Sorvido

Esta reserva de fósforo é constituída por óxidos de ferro (Fe), de alumínio (Al) e de cálcio (Ca), bem como por fósforo inorgânico que se encontra fixado nas superfícies argilosas. O fósforo desta reserva é gradualmente libertado para absorção pelas plantas.

Fósforo mineral

Os minerais de fosfato principais e secundários encontrados no solo constituem este reservatório de fósforo. Os minerais que contêm fósforo primário incluem a variscite, a strengite e a apatite. Os minerais que incluem fósforo secundário são os fosfatos de alumínio (Al), ferro (Fe) e cálcio (Ca). O fósforo é libertado deste reservatório muito lentamente quando o mineral se deteriora e se dissolve na do solo

O CICLO E A TRANSFORMAÇÃO DO FÓSFORO NO SOLO

Após a sua entrada no solo através de fertilizantes químicos (uma fonte inorgânica), estrume, biossólidos ou detritos de plantas ou animais mortos (uma fonte orgânica), o fósforo circula através de vários reservatórios do solo em resultado da precipitação, adsorção, imobilização, dessorção, meteorização e dissolução

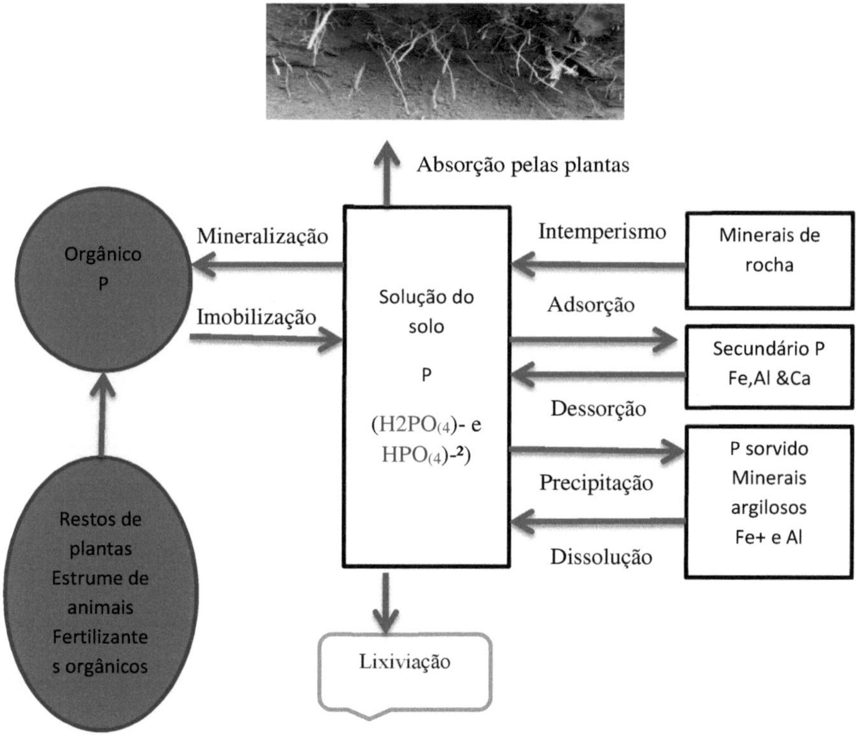

Figura 1: Ciclo do fósforo no solo. As fontes de entrada de fósforo no solo, os processos através dos quais o fósforo é disponibilizado ou indisponibilizado para absorção pelas plantas e as vias que conduzem à produção e perda de fósforo

IMOBILIZAÇÃO E MINERALIZAÇÃO DO FÓSFORO

A mineralização é o processo pelo qual as bactérias do solo transformam o fósforo orgânico do solo em fósforo inorgânico. O oposto da mineralização, no entanto, é a imobilização. As formas inorgânicas de fósforo são transformadas de novo em formas orgânicas durante a imobilização e são absorvidas pelas células vivas das bactérias do solo. Quando os restos agrícolas são misturados no solo, o resultado é geralmente a imobilização. Através da mineralização, os resíduos de culturas decompõem-se e libertam fósforo adicional para a solução do solo. A relação entre o carbono orgânico e o fósforo orgânico dos resíduos agrícolas, a temperatura, o pH, a população microbiana e outros factores têm um impacto significativo nos processos biológicos de mineralização e imobilização.

Dessorção e Adsorção

O processo de ligação do fósforo à superfície das partículas do solo por adsorção ocorre nas soluções do solo. O fósforo liga-se a superfícies de argila ou a hidróxidos e óxidos de ferro (Fe) e alumínio (Al) do solo. Uma vez que a adsorção é um processo rápido e reversível, o fósforo que foi **adsorvido** pode ser libertado para a solução do solo através de um processo chamado **dessorção**, tornando-o acessível à absorção pelas plantas.

A capacidade dos solos para adsorver fósforo é maior naqueles com concentrações mais elevadas de óxidos de ferro e alumínio do que naqueles com níveis comparativamente mais baixos destes elementos. A quantidade de argila no solo é outra caraterística que promove a absorção de fósforo. Os solos com maior teor de argila podem adsorver mais material do que os solos arenosos com uma textura grosseira.

Perda de

Três processos removem o fósforo do solo:

- Assimilação pelas culturas ou plantas;
- Escoamento e erosão; e
- Lixiviação

A principal via pela qual os solos perdem fósforo é através da drenagem superficial. O fósforo da superfície do solo é removido pela água de escoamento em duas formas diferentes: particulada (partículas de solo erodidas) e solúvel (dissolvida). A lixiviação é o processo pelo qual a água se infiltra verticalmente no perfil do solo, removendo o fósforo solúvel do solo subsuperficial. A lixiviação resulta geralmente numa perda muito pequena de fósforo quando comparada com o escoamento superficial

A capacidade dos solos para adsorver o fósforo é maior naqueles com concentrações mais elevadas de óxidos de ferro e alumínio do que naqueles com níveis comparativamente mais baixos destes elementos. A quantidade de argila no solo é outra caraterística que promove a absorção de fósforo. Os solos com maior teor de argila podem adsorver mais material do que os solos de textura grosseira.

FACTORES QUE AFECTAM A ABSORÇÃO DE FÓSFORO PELO SOLO

O fósforo (P) está a tornar-se cada vez mais reconhecido como um recurso não renovável devido à procura crescente de produtividade agrícola e ao facto de o pico da produção mundial ocorrer nas próximas décadas (Khan et al., 2006). A fraca disponibilidade do P, em resultado de uma difusão retardada e de uma forte fixação no solo, é uma das suas qualidades distintivas. Poucos solos sem fertilizantes libertam P a uma taxa suficiente para sustentar as elevadas taxas de crescimento das espécies de plantas agrícolas. Em numerosos sistemas agrícolas em que a adição de P ao solo é essencial para garantir a sua utilização. A capacidade das plantas agrícolas de recuperar o P aplicado durante uma estação de crescimento é conhecida como produtividade das plantas. extremamente baixa, pois mais de 80% do P no solo torna-se imóvel e indisponível para absorção pelas plantas devido à precipitação, adsorção ou conversão para a forma orgânica (Qureshi et al., 2012).

Tudo isto sugere que o P pode representar um elemento limitador de crescimento significativo para as plantas.

Muitos dos químicos mais insolúveis que se formam quando o fosfato no solo reage com outros componentes do solo não estão prontamente disponíveis para as plantas (Khan et al., 2006). A concentração de fósforo na solução, a quantidade de óxidos livres de ferro e alumínio, o tipo e a quantidade de argila, o pH do solo e a matéria orgânica são variáveis importantes que afectam estas reacções (Herridge et al., 1995).

Os adsorventes de fosfato bem conhecidos nos solos incluem silicatos de argila, óxidos de ferro e óxidos de alumínio (Qureshi et al., 2012). Os óxidos de ferro e alumínio são os principais adsorventes de fosfato em solos arenosos, de acordo com Narula et al. (2013). Verificou-se que a quantidade de óxidos de ferro e alumínio num solo está estreitamente correlacionada com a sua capacidade de adsorver fosfato, indicando que estes óxidos são os principais adsorventes de fosfato nos solos (Khan et al., 2006).

A quantidade de sítios de adsorção, que diferem significativamente entre solos, adsorve agressivamente o fosfato. O P pode tornar-se indisponível para as plantas em resultado de outros processos que ocluem os nanoporos, que se encontram normalmente nos óxidos de Fe/Al (Herridge et al., 1995). Por conseguinte, mais do que o teor total de fosfato, o grau de saturação de fosfato determinará a disponibilidade de fosfato no solo, bem como a concentração de fosfato na solução do solo (Qureshi et al., 2012). A saturação de fosfato, definida como a relação entre o fosfato adsorvido e a capacidade de adsorção de fosfato do solo (CAP), representa a percentagem de locais de adsorção que são ocupados por fosfato (Herridge et al., 1995).

Os principais factores aumentam a absorção de fósforo pelo solo

- Intemperismo
- Dissolução
- Bitcoinv mineralização
- Períododesorção

Os principais factores reduzem a absorção de fósforo pelo solo

- Imobilização,
- Adsorção
- Precipitação
- Escoamento superficial
- Erosão

OUTROS FACTORES AFECTAM A DISPONIBILIDADE DE FÓSFORO NAS SOLUÇÕES DO SOLO

Seres vivos. Um dos principais elementos que influenciam a disponibilidade do fósforo são os materiais orgânicos. A inclusão de matéria orgânica melhora a disponibilidade do fósforo.

Os solos recebem formas de fósforo disponíveis para as plantas quando a matéria orgânica se mineraliza.

O fosfato adsorvido às superfícies do solo enfrentará a concorrência de moléculas orgânicas, o que diminuirá a retenção de fósforo.

Teor de argila. Os solos com maior teor de argila podem reter o fósforo durante mais tempo porque as partículas de argila têm uma grande área de superfície por volume, o que facilita a absorção do fósforo.

Mineralogia dos solos.

A capacidade do solo para adsorver fósforo é influenciada pela sua composição mineral. Por exemplo, a maior capacidade de adsorção de fósforo é normalmente observada em solos com elevadas concentrações de Al3+ e Fe3+.

pH do solo. A disponibilidade máxima de fósforo ocorrerá a um pH entre 6 e 7. Quantidades maiores de ferro e alumínio no solo (que formam ligações muito fortes com o fosfato) encontram-se em solos de pH baixo (ácidos). O fosfato e o cálcio tendem a precipitar-se a níveis de pH elevados quando o cálcio é o maior catião

Elementos adicionais. A taxa a que o P se mineraliza a partir da decomposição da matéria orgânica é influenciada pela temperatura, teor de humidade e arejamento do solo. Por exemplo, a matéria orgânica decompõe-se mais rapidamente em climas quentes e húmidos do que em climas frios e secos.

Processos que aumentam ou diminuem o P disponível no solo

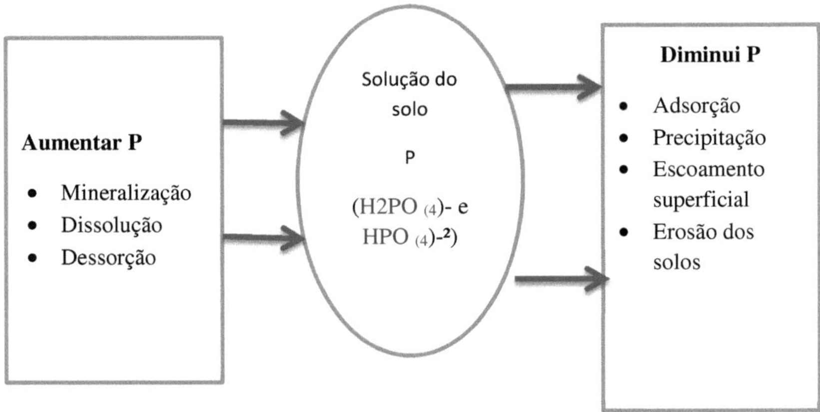

Figura 4 Processos no solo que aumentam ou diminuem o P

Fósforo nas

Na natureza, o fósforo (P) existe em formas oxidadas; o ortofosfato (**PO_4^{3-}**) é o tipo mais prevalente. Na maioria das vezes, as plantas obtêm P através das suas raízes, absorvendo $H2PO_{(4)}$- (Pi) inorgânico solúvel do solo. Enquanto a concentração ideal de Pi intracelular é de 5-20 mM, a concentração de Pi na maioria das soluções do solo situa-se entre 0,5 e 10 μM. Para penetrar na planta, o Pi tem de ir contra um gradiente de concentração que é acentuado entre o extracelular e o intracelular. O Pi tem ainda de viajar contra um gradiente de carga, uma vez que as células têm um potencial elétrico negativo, ou seja, cerca de -120 mV. Consequentemente, as células precisam de energia para adquirir Pi extracelular através deste método. A unidade de energia primária da célula, o trifosfato de adenosina (ATP), é utilizada pelas ATPases da bomba de protões (H+-ATPases) que se encontram na membrana plasmática.

O Pi é absorvido em fosfato orgânico (Po) depois de entrar na célula, onde o grupo fosfato é ligado a um átomo de carbono por um dos seus átomos de oxigénio. Os fosfolípidos, as fosfoproteínas, os ácidos nucleicos (ADN e ARN) e outros fosfatos de açúcar são componentes do Po celular. Ao contrário das plantas, que incorporam principalmente Pi em diferentes compostos orgânicos através da produção de ATP durante a fotossíntese, os animais dependem da fosforilação oxidativa mitocondrial para este processo.

ACESSIBILIDADE DO FÓSFORO ÀS PLANTAS

A quantidade de P solúvel que é normalmente acessível às raízes das plantas constitui uma porção muito modesta do P total no solo. A maior parte do Pi é imóvel, sendo fortemente absorvido pelas partículas do solo e formando complexos insolúveis com hidróxidos e óxidos de cálcio, ferro ou alumínio - processos que são fortemente controlados pelo pH e pelo conteúdo do solo. Em comparação com o potássio e o nitrato, o fósforo é um dos macronutrientes menos transportáveis para as plantas no solo. Os ácidos nucleicos e os fosfatos de inositol, que provêm da biomassa vegetal, animal e microbiana decomposta e em decomposição, constituem uma quantidade significativa do Po que se encontra no solo. Em muitos solos, o Po é mais prevalente do que o Pi, embora não esteja disponível para as plantas até que os fertilizantes tenham a capacidade de promover um desenvolvimento rápido devido ao seu Pi solúvel, que está facilmente disponível, e ao seu Pi de libertação lenta, que provém de fontes orgânicas. Mas apenas uma pequena porção do Pi solúvel que é dado ao solo é facilmente acessível às plantas; o restante é tornado indisponível por uma combinação de lixiviação superficial, precipitação e sorção nas partículas do solo e percolação em camadas mais profundas do solo. Apenas 20% do Pi incluído nos fertilizantes convencionais é diretamente absorvido pelas raízes das plantas. Os fertilizantes têm sido cruciais para o aumento do rendimento das culturas no último século, mesmo com a sua aparente ineficiência.

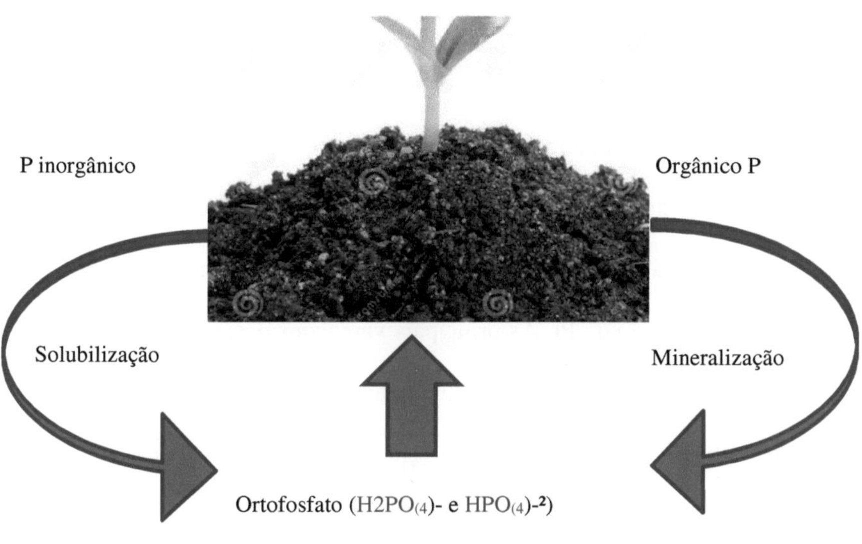
Absorção de fósforo
P inorgânico
Orgânico P
Solubilização
Mineralização
Ortofosfato (H2PO(4)- e HPO(4)-2)
Solução do solo

COMO É QUE AS PLANTAS MAXIMIZAM A SUA ABSORÇÃO DE PI DO SOLO?

Devido à sua baixa concentração e ao seu movimento restrito no solo, a absorção de Pi pelas plantas resulta rapidamente numa zona de depleção de nutrientes em torno das raízes. Por esta razão, as plantas desenvolveram uma variedade de estratégias de desenvolvimento e metabólicas para melhorar a eficiência da absorção de Pi. As principais vantagens destas modificações são o facto de o sistema radicular poder agora penetrar mais profundamente no solo e recolher melhor formas de P que não estão prontamente disponíveis, como as que se encontram no reservatório de Po.

Existem quatro tipos de fosfato aquoso

Em líquidos fortemente básicos, o ião fosfato é predominante.

- Em ambientes fracamente básicos, o ião hidrogénio fosfato é predominante.
- Em ambientes ligeiramente ácidos, o ião dihidrogenofosfato é o mais predominante.
- Em ambientes altamente ácidos, o tri-hidrogenofosfato é a forma predominante.

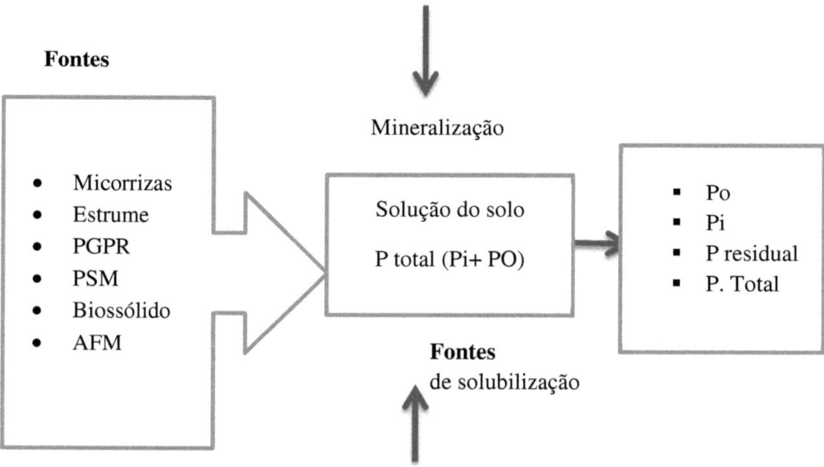

Figura 2. Métodos inovadores para a separação e gestão do fósforo.

Bactérias promotoras do crescimento das plantas **(PGPR),** micróbios solubilizadores de fosfato **(PSM),** fungos micorrízicos arbusculares **(AFM),** fósforo inorgânico **(Pi,)** fósforo **(P),** fósforo orgânico **(PO)**

UTILIZAÇÃO DE ADUBOS FOSFATADOS

O método mais popular e estabelecido para aumentar e precipitar o P fixo no solo agrícola para uma absorção efectiva pelas plantas é a aplicação de fertilizantes químicos de P em campos aráveis. Este método aumenta o rendimento das culturas até um certo grau e é benéfico para o esgotamento inicial do P fixo. No entanto, a eficiência da utilização de P (**PUE**) nas culturas agrícolas continua a diminuir nos países emergentes, devido à aplicação generalizada de fertilizantes fosfatados inorgânicos pelo sector agrícola. Como resultado, o teor de P no solo não consegue aumentar até ao nível necessário para o crescimento e desenvolvimento das culturas. A fertilização é um exemplo de uma atividade antropogénica que teve um grande impacto no ciclo do P terrestre. A quantidade de P no solo (10 μM) é significativamente inferior à quantidade de P contida no tecido vegetal (5-10 mM). Devido à fraca disponibilidade de P e à fixação de P no solo, são necessárias aplicações de fertilizantes químicos para melhorar o desenvolvimento e a produção das culturas. Além disso, o solo com baixo teor de P é tratado com fertilizantes fosfatados sob a forma de fosfato monocálcico (**MCP**) e fosfato monopotássico (**MPP**). A aplicação de fertilizantes monofosfatados tem um impacto significativo nos processos fisiológicos e bioquímicos do solo. Produz também enormes quantidades de fosfato e protões durante o processo de molhagem, o que acaba por resultar no estabelecimento de uma zona rica em P no solo. As zonas de reação de adsorção, as reacções diretas e as reacções de precipitação são produzidas por mecanismos adicionais.

Com uma gama de pH de 1,0 a 1,6, a região saturada de P (Zona de Reação Direta) é ácida. A sua natureza ácida faz com que os iões metálicos migrem rapidamente. Na zona de reação direta, estes iões metálicos libertados reagem com Pi, promovendo mais precipitação de Pi. O P e os iões metálicos combinam-se quimicamente para criar moléculas complicadas de compostos **Fe-P**, **Al-P** e **Mg-P**. Estes compostos contêm fósforo firmemente ligado, que não está prontamente disponível para muitas espécies de plantas. Assim, no solo calcário, são gradualmente gerados novos agregados de fosfato monocálcico e dicálcico. Estes agregados acabam por se transformar em apatite, uma forma estável de fosfato de cálcio. Uma solução eficaz e adequada pode ser aplicada como um fertilizante equilibrado que corresponda às propriedades físicas e químicas do solo tratado.

Utilização de micorrizas

Um método alternativo à suplementação do solo fosfatado com fertilizantes fosfatados para aumentar o desenvolvimento das plantas e o P acessível é a aplicação de fungos micorrízicos em solos deficientes em P. Os fungos micorrízicos arbusculares (**FMA**), em particular, formam relações simbióticas (70%) com as raízes de plantas superiores identificadas como angiospérmicas e desempenham um papel fundamental na nutrição de P. As reservas de P no solo que são acessíveis a outras espécies de plantas estão também presentes nas micorrizas ligadas a sistemas radiculares complexos. Um estudo anterior analisou os reservatórios alternativos de P utilizados por AMF e Ectomycorrhiza. As ECM obtêm fontes de carbono (C) das suas plantas hospedeiras nestas relações simbióticas e também fornecem continuamente nutrientes de P às suas plantas hospedeiras através de uma rede complexa de hifas. Em situações de stress, o impacto nutricional dos FMA é particularmente útil para a produtividade agrícola a longo prazo.

Mesmo as plantas micorrízicas com rotas de FMA, no entanto, são conhecidas por exibirem uma absorção insuficiente de P em certos casos, o que levou à interrupção do crescimento da planta. Uma investigação anterior demonstrou que as enzimas fosfatases segregadas pelos micélios hifais dos fungos FMA podem aumentar consideravelmente a absorção e a mineralização da matéria orgânica. Através de micélios extrarradicais que mergulham profundamente nas fontes de reservatório de P no solo e convertem o P em raízes e, em seguida, outras partes da planta são capazes de obter mais P.

FUNGOS ENDOFÍTICOS: SUA FUNÇÃO NA SOLUBILIZAÇÃO DE FOSFATOS

O principal elemento nutricional necessário para o crescimento geral das plantas e para a produção agrícola é o fósforo (P). Os fertilizantes fosfatados sintéticos são um componente importante dos métodos agrícolas globais. No entanto, os agricultores estão à procura de métodos alternativos que possam melhorar o crescimento das plantas, preservando a reserva de fósforo solúvel no solo, devido ao elevado custo dos fertilizantes sintéticos, aos seus efeitos prejudiciais para os seres humanos e o ambiente e à precipitação frequente. Os fungos e outras comunidades microbianas são capazes de mineralizar e solubilizar o fosfato.

Cerca de 0,1-0,5% de todas as comunidades de fungos no solo são fungos solubilizadores de P. Os principais contribuintes entre eles são os fungos endofíticos. O grupo de micróbios encontrados no solo que podem colonizar plantas sem causar quaisquer sinais óbvios de doença é conhecido como endófitos. Os géneros Curvularia, Aspergillus, Penicillium e Piriformospora são os principais fungos endofíticos solubilizadores de P. Os fungos micorrízicos arbusculares (AM) são outra família de simbiontes endofíticos. No que respeita à colonização, os fungos endofíticos solubilizadores de P são mais agressivos e competitivos do que os microrganismos não endofíticos.

Micorrizas arbusculares e consumo de fósforo

As plantas têm dificuldade em utilizar o fósforo do solo (P), pelo que as simbioses micorrízicas arbusculares (AM) são uma opção atractiva para aumentar a eficiência do P. Podem também oferecer uma estratégia sustentável para preservar os rendimentos elevados e reduzir as aplicações de P. Podem também oferecer uma estratégia sustentável de preservação de rendimentos elevados enquanto reduzem as aplicações de P. No entanto, não é claro quantificar o impacto dos fungos AM nativos nos rendimentos do milho (Zea mays L.) e na absorção de fósforo em circunstâncias de campo. Durante dois anos consecutivos, e com densidades de plantação e profundidades de solo variáveis, foram utilizados compartimentos com barreiras de malha para seguir a distribuição da absorção de P por hifas.

Estimou-se que as hifas dos fungos AM contribuem com um máximo de 19,4% para o teor total de P acessível do solo. As simbioses AM melhoraram a eficiência de aquisição de P da planta, particularmente durante a fase de ensilagem. Para além disso, a produção de 2014 foi visivelmente mais elevada devido ao padrão de esgotamento do P do solo pelos fungos AM, correspondendo geralmente às necessidades nutricionais dos rebentos sob a elevada densidade de plantação. O solo mais profundo ofereceu uma maior possibilidade de fornecimento de P pelo fungo AM, apesar de uma queda notável na densidade de comprimento de hifas. Além de mostrar o enorme potencial dos fungos AM nativos para aumentar a produtividade do milho nas regiões de alto rendimento da China, também levanta a perspetiva de eliminar a necessidade de tratamentos com fertilizantes P para manter altos rendimentos.

APLICAÇÃO DE FERTILIZANTES ORGÂNICOS

Outra tática eficaz para melhorar a eficiência da utilização de P no solo agrícola é a aplicação de estrume. O estrume é normalmente adicionado ao solo agrícola numa base regular como um corretor para aumentar a fertilidade do solo e a concentração de P. O teor global de P no estrume é variável. O estrume representa entre 50% e 90% do Pi total, enquanto cerca de 70% do P total está presente na forma lábil. Além disso, os ácidos nucleicos e os fosfolípidos são fontes de fósforo orgânico (**PO**). No solo suplementado com estrume, o processo de mineralização aumenta o teor de **PO** do solo. Além disso, as moléculas de ácido orgânico são dissolvidas em fosfato de cálcio durante o processo de mineralização.

Aplicação de bactérias: Promoção do das plantas

A solubilização de P, a fixação de N2, a secreção de fitohormonas, a síntese de vitaminas e a mineralização de P orgânico são as bases para a inoculação de bactérias promotoras do crescimento das plantas (**PGPB**), que são utilizadas como alternativa aos fertilizantes químicos. A aplicação de bactérias que promovem o crescimento das plantas no solo é uma forma natural de aumentar a concentração de P no solo através do processo de solubilização de P. Foram identificadas muitas PGPB em várias condições do solo e os estudos documentaram a forma como afectam o crescimento e o desenvolvimento das plantas. A maior parte da investigação centrou-se nas PGPR, que realizam tarefas relacionadas com a solubilização de P para aumentar a disponibilidade de P para a planta hospedeira.

Verificou-se que a mobilização de P envolve uma vasta gama de PGPR, incluindo espécies de Bacillus, Enterobacter, Pseudomonas e Serratia. Alguns exemplos incluem a dissolução de Ca-P através da redução do pH, a libertação de P ligado a óxidos de Al e Fe através da exsudação de ácidos orgânicos e a mineralização de P orgânico através da ação da enzima fosfatase. As PGPR acima mencionadas foram sugeridas como inoculantes possivelmente úteis para aumentar o rendimento e o crescimento das culturas. No entanto, como as qualidades do solo relacionadas com o P variavam e algumas condições ambientais reduziam as actividades enzimáticas, vários estudos observaram que a inoculação direta de PGPR no solo não aumentava a biomassa das plantas e a capacidade de absorção de P

Aplicação de biossólidos

A classificação dos materiais líquidos, sólidos e semi-sólidos obtidos a partir do tratamento de lamas de depuração domésticas foi inicialmente designada por "biossólido" nos anos 90 (Hung et al., 2007), Os biossólidos fazem parte dos procedimentos convencionais de aplicação no solo em todo o mundo há muitos anos, são social e economicamente aceitáveis e têm sido aconselhados há décadas (Herridge et al., 1995). Além disso, a aplicação de biossólidos no solo é uma solução prática de gestão de resíduos industriais que é normalmente sugerida por ambientalistas. Numerosos micro e macroelementos, incluindo cobre (Cu), zinco (Zn), ferro (Fe), manganês (Mn), potássio (K), azoto (N), cálcio (Ca), enxofre (S), carbono orgânico (C) e fósforo (P), estão presentes em concentrações elevadas nos biossólidos.

Estes são componentes necessários para os processos de crescimento das plantas e para a sobrevivência da fauna no solo. A maior parte do P nos biossólidos assume frequentemente a forma de fosfato de alumínio, que é frequentemente adsorvido nas superfícies de fosfato de ferro e cálcio (Javaid et al., 2010). Os biossólidos contêm entre 70% e 90% do P inorgânico total (Moreira et al., 2010). Além disso, os biossólidos incluem concentrações mais baixas de P orgânico sob a forma de diésteres de ortofosfato, monoésteres de ortofosfato e fosfolípidos, bem como P solúvel em água. Os teores de P nos biossólidos são significativamente afectados pelas operações das estações de tratamento de águas residuais (Mishra et al., 2009).

A dinâmica do P nos biossólidos é influenciada pela aplicação de fertilizantes fosfatados; no entanto, nem todo o P nos biossólidos é acessível às plantas (Mweetwa et al., 2016). Quando os biossólidos são aplicados na terra, ocorre precipitação, dissolução, decomposição microbiana, dessorção e sorção de P. Os processos biológicos e físico-químicos que têm lugar no solo tratado determinarão a rapidez ou a lentidão com que os processos acima referidos decorrem. A taxa de aplicação de biossólidos afecta a disponibilidade de P no solo tratado com biossólidos (Pandya et al., 2015).

Por conseguinte, o aumento das concentrações de P nos solos em que os biossólidos são aplicados pode estar relacionado com teores mais elevados de P inorgânico nos biossólidos. No entanto, em solos com maior capacidade de retenção de P, ou em solos concentrados em P, essas alterações revelaram-se menos perceptíveis (Singh et al., 2013).

A decomposição dos biossólidos e o P disponível para as plantas têm uma relação mais matizada. De acordo com Singh et al. (2013), a adição de biossólidos ao solo altera não só as suas caraterísticas físico-químicas - tais como pH, CE, matéria orgânica dissolvida e caraterísticas biológicas - mas também a capacidade de adsorção do solo alterado (Stajkovic et al., 2011). A maior parte do P absorvido é secretado pelas bactérias do solo e é principalmente hidrolisado em aniões ortofosfato pelas enzimas fosfodiesterase e fosfomonoesterase. Através da mineralização de S, C, P e N a partir de formas complexas, as raízes das plantas e os microrganismos do solo contribuem passiva e ativamente para a produção de enzimas extracelulares para os tornar disponíveis para as plantas (Stajkovic et al., 2011). A concentração total de P (Pt) em solos agrícolas varia de 400 a 1200 mg kg-1. No entanto, apenas 1 mg kg-1 de Pt está presente em formas facilmente disponíveis, como os iões ortofosfato H2PO4- e HPO4-2 (Tilak et al., 2006). Tanto o P orgânico (Po) como as formas inorgânicas (Pi) de P não são solúveis. O Pi não solúvel no solo assume a forma de iões PO4- e varia entre 20 e 50% (Tilak et al., 2006). Formam-se complexos estáveis quando estes iões são adsorvidos a diferentes compostos de Ca, Fe e Al, tais como Ca-P, Fe-P e Al-P. Como o PGPR tem um tempo de sobrevivência limitado e baixo no solo, a inoculação pós-solo geralmente não é aconselhada (Tsigie et al., 2012). Além disso, a aderência das partículas do solo complica a inoculação direta de PGPR líquidas no solo, diminuindo a sua capacidade de colonização (Tariq et al., 2014).

SÍNTESE DE FÓSFORO EM RELAÇÃO ÀS CULTURAS

Verificou-se que um sistema de plantação com densidades elevadas tem uma influência desfavorável nas caraterísticas morfológicas das raízes das culturas, bem como na diversidade e abundância das populações de fungos AM. Estes factores afectam, em última análise, a capacidade de absorção de nutrientes pela via radicular. Assim, uma maneira de determinar se os tratamentos com P devem ser reduzidos para melhorar o manejo de sistemas de cultivo intensivo é compreender a relação entre os fungos AM e a nutrição de P em sistemas altamente fertilizados e densamente plantados. No entanto, foram utilizados estudos in vitro ou ambientes de inoculação para examinar a maioria destas comunidades.

Além disso, a procura de carbono orgânico da planta hospedeira por parte dos fungos, que ultrapassa quaisquer benefícios - que podem ser criados pela transferência de P através do fungo - causa depressões no crescimento. Em solo calcário, as depressões no crescimento do trigo produzidas pelas ligações AM diminuíram à medida que a densidade da planta aumentou, e este efeito não se limitou apenas ao dreno de carbono.

Fósforo em relação às bactérias diazotróficas

As bactérias promotoras do crescimento das plantas (PGPB) promovem o crescimento das plantas de várias formas. Para além de fixar biologicamente o azoto, as PGPB diazotróficas podem também aumentar a eficiência com que os nutrientes são absorvidos do solo, criar e libertar fito-hormonas que ajudam o hospedeiro a combater infecções. Há falta de investigação sobre os factores genéticos que influenciam a capacidade das plantas não leguminosas para fixar biologicamente o azoto . Estes factores incluem a especificidade do genótipo do hospedeiro e da bactéria, as vias de reconhecimento e de sinalização e a colonização bacteriana.

Em muitos solos tropicais, a adição de fósforo (P) é essencial para aumentar a fertilidade do solo. Uma quantidade significativa do P total do solo é convertida em formas inacessíveis devido à sorção substancial de P a óxidos de Al e Fe-(hidr)-Fe, que é a principal fonte de défice de P. Embora o fosfato de rocha (RP) seja um fertilizante inorgânico de P permitido na agricultura biológica, a maior parte não é suficientemente solúvel para libertar P suficiente nos solos quando aplicado.

Devido ao seu sistema digestivo eficaz, as minhocas têm uma influência significativa na mineralização de P e podem aumentar a disponibilidade de P para as plantas. Elas também expelem nutrientes através do muco intestinal e cutâneo (Le Bayon e Binet, 2006). As minhocas encorajam, portanto, uma elevada variedade e atividade microbiana e aceleram o ritmo de transformação da matéria orgânica (Fracchia et al., 2006). O vermicomposto (VC) é um veículo eficaz e um meio de suporte para o crescimento de Rhizobium, e a sua suplementação com bactérias diazotróficas nativas e micorrizas resultou num aumento do crescimento do milho (Gutiérrez-Miceli et al., 2008a, 2008b). Populações elevadas e diversificadas de microrganismos nativos favorecem as reacções bioquímicas, e o VC enriquecido com RP mostrou uma elevada biodisponibilidade de P e levou a um aumento do rendimento e da absorção de nutrientes no feijão-frade (Kumari e Ushakumari, 2002). Foram realizados alguns trabalhos com o objetivo de modificar a comunidade microbiana no CV, melhorando assim a qualidade destes fertilizantes orgânicos

As bactérias diazotróficas, como as espécies de Pseudomonas, Burkholderia, Agrobacterium, Azotobacter e Erwinia, podem fazer a fixação biológica de N2 para além de solubilizar fosfato. Ao produzirem ácido orgânico, que solubiliza o P inorgânico (Scervino et al., 2010), estes microrganismos aumentam a biodisponibilidade do P. Além disso, as fosfatases, que convertem o P de formas não disponíveis e organicamente ligadas em iões de fosfato biodisponíveis, mineralizam formas orgânicas de P (Eivazi e Tabatabai, 1977).

A aplicação de excrementos de minhoca ajudou na transformação mais rápida do P orgânico pelas fosfatases, enquanto Saha et al. (2008) demonstraram que as alterações orgânicas aumentam a atividade das fosfatases do solo. No presente estudo, foi investigado um método alternativo para aumentar a disponibilidade de P da RP para a nutrição das plantas - a eficácia de um consórcio microbiano específico aplicado ao VC.

EFEITOS DA CO-INOCULAÇÃO DE RIZÓBIOS E RIZOBACTÉRIAS PROMOTORAS DO CRESCIMENTO DE PLANTAS

Dois dos elementos mais importantes que limitam o crescimento das plantas são o azoto (N) e o fósforo (P). De acordo com Collavino et al. (2010), o fósforo é facilmente fixado, o que causa uma deficiência na maioria das culturas. Uma menor quantidade de P limita o crescimento das raízes, a fotossíntese, a translocação de açúcares e outros processos que afectam a capacidade das leguminosas para fixar o azoto, quer direta quer indiretamente (Olivera et al., 2004).

A adição de fertilizantes inorgânicos ao solo é o principal método de reposição dos nutrientes N e P. Mas o custo dos fertilizantes com fosfato e azoto aumentou, especialmente nos países em desenvolvimento. Por conseguinte, é muito difícil para os agricultores suplementar os fertilizantes N e P no solo para evitar as deficiências de nutrientes. Dado o impacto ambiental negativo dos fertilizantes químicos e o aumento dos custos, a utilização de rizobactérias promotoras do crescimento das plantas (PGPR) e de rizóbios é vantajosa para práticas agrícolas sustentáveis. Assim, uma área de interesse crescente é a utilização de microrganismos com a capacidade de solubilizar P mineral e orgânico (Khan et al., 2006; Fernández et al., 2007; Shiri-Janagard et al., 2012) ou de fixar azoto (Uribe et al., 2012). A associação entre as PGPR e as raízes das plantas desempenha um papel fundamental na nutrição de P em muitos agroecossistemas, particularmente em solos deficientes em P (Goldstein, 2007; Jorquera et al., 2008).

Função da fosfatase ácida para ajudar a simbiose rizobiana das leguminosas a resistir à carência de fósforo

A falta de fósforo (P) desencadeia uma vasta gama de reacções transcricionais, bioquímicas e fisiológicas que aumentam a capacidade da raiz para absorver P do solo fora das suas células na rizosfera ou maximizam a sua utilização eficiente dentro das células em todas as partes da planta. A otimização da capacidade da fosfatase ácida (APase) para absorver e remobilizar o P dos compostos orgânicos de P é uma tática fundamental para melhorar a nutrição de P nas plantas.

As plantas superiores respondem tipicamente e quase universalmente à privação de P através da libertação de APase na rizosfera. No entanto, o papel da APase intracelular nos nódulos das leguminosas é praticamente desconhecido. De acordo com a nossa investigação, os aumentos da permeabilidade do nódulo ao O2 e da eficiência da utilização de P para a fixação de N2 na simbiose rizobiana com leguminosas foram positivamente relacionados com a expressão dos genes que codificam a APase e as fitases, bem como com as actividades das enzimas correspondentes. A respiração do nódulo é regulada pela localização marcada de transcrições de APase e fitase no córtex do nódulo, o que também ajuda as leguminosas noduladas a adaptarem-se à disponibilidade reduzida de P.

Consequentemente, o aumento das actividades da APase e da fitase nos nódulos das leguminosas fornece provas da função fisiológica destas enzimas no controlo da atividade da nitrogenase em relação ao estado do P do nódulo. Apresenta também uma nova perspetiva sobre a regulação da fixação de N2 nas leguminosas.

Como é que a transferência de fosfato na simbiose leguminosa-rhizobium é mediada pelas proteínas PHO1.

O gás mais predominante na atmosfera e um dos componentes mais vitais para a vida tal como a conhecemos é o azoto (N2). Mas a maioria das criaturas não o pode utilizar na sua forma molecular. Um grupo de organismos que pode fixar o azoto da atmosfera é chamado rizóbio, ou bactéria diazotrófica do solo. Os rizóbios trabalham em relações simbióticas com plantas leguminosas para transformar o azoto gasoso em formas que as plantas podem utilizar, como o amoníaco. De acordo com Peoples et al. (2009), a fixação simbiótica do azoto é, por conseguinte, crucial para a agricultura e o ciclo global do azoto.

Os rizóbios são bacteróides diferenciados que se encontram em estruturas radiculares especializadas chamadas nódulos, presentes nas leguminosas. Os simbiossomas, que são compartimentos especializados semelhantes a organelos que contêm micróbios úteis e são isolados do citoplasma do hospedeiro por uma membrana de simbiossoma gerada a partir da membrana plasmática da planta, são o local onde os bacteróides são mantidos dentro das células infectadas dos nódulos. Os rizóbios podem converter N2 em amoníaco nos nódulos em condições anaeróbias através de uma reação enzimática que é catalisada pelo complexo da nitrogenase (Becana et al., 2020). As leguminosas fornecem fontes de carbono aos rizóbios, como o malato, em troca do azoto fixado pelos simbiontes microbianos. Além disso, os bacteroides recebem nutrientes minerais da planta hospedeira, incluindo cálcio, sulfato e fosfato (Pi) (Figura 1A; Liu et al., 2018).

Uma vez que a reação da nitrogenase necessita de muito ATP, o fósforo é também necessário para a fixação simbiótica do azoto. Estes minerais são vitais para o metabolismo bacteriano. Poucos transportadores foram definidos funcionalmente, apesar do facto de vários deles estarem presentes na membrana do simbiossoma e poderem desempenhar um papel na troca bidirecional de iões e nutrientes (Clarke et al., 2015, por exemplo). Ngyuen et al. (2021) oferecem a primeira descrição funcional de dois transportadores Pi de Medicago truncatula expressos em nódulos da linhagem PHOSPHATE1 (PHO1) e fornecem informações adicionais sobre a transferência de nutrientes através da membrana do simbiossoma nesta edição da Plant Physiology.

Classe Pho1 Várias espécies de plantas possuem transportadores de Pi, que são cruciais para manter a homeostase do fósforo, uma vez que permitem o movimento de Pi entre tecidos ou órgãos vegetais distintos. Um exemplo bem estudado é o PHO1 de Arabidopsis thaliana, que está envolvido no processo de transferência de Pi do xilema para o rebento (Hamburger et al., 2002). MtPHO1.1 e MtPHO1.2, dois membros estreitamente relacionados da família PHO1 de M. truncatula que são expressos numa variedade de tecidos, incluindo nódulos radiculares, foram descobertos por Ngyuen et al. MtPHO1.1 e MtPHO1.2 funcionam como exportadores de Pi de forma semelhante ao seu primo mais próximo em A. thaliana, tal como confirmado por Ngyuen et al. utilizando um teste de transformação transiente em folhas de tabaco.

Com base nestes resultados preliminares, MtPHO1.1 e MtPHO1.2 podem estar envolvidos no processo de exportação de Pi do citoplasma da planta para o simbiossoma, onde o bacteróide pode aceder a ele. Uma perturbação do transporte de Pi mediado por PHO1 através da membrana do simbiossoma deverá ter um impacto negativo na fixação simbiótica de azoto, tendo em conta a importância do Pi para a simbiose entre leguminosas e Rhizobium. Ngyuen et al. injectaram rizóbios nos mutantes mtpho1.1 e mtpho1.2 para testar esta teoria. De seguida, mediram o tamanho e a quantidade de nódulos, bem como o crescimento das plantas. Não houve diferença percetível em nenhum destes parâmetros entre os mutantes simples mtpho1.1 e mtpho1.2 e os controlos de tipo selvagem, sugerindo que estes genes e/ou outros membros da família de genes PHO1 de M. truncatula são funcionalmente redundantes.

Os autores desenvolveram uma construção RNAi que visa MtPHO1.1 e MtPHO1.2 simultaneamente e expressaram-na utilizando um promotor exclusivo dos nódulos para contornar este problema. Como resultado, conseguiram excluir quaisquer efeitos adicionais noutros tecidos da planta e identificar a função precisa de MtPHO1.1 e MtPHO1.2 no nódulo. Quando cultivadas em condições de azoto suficiente, as plantas de Medicago truncatula que expressam a construção RNAi não apresentaram quaisquer defeitos de crescimento; no entanto, quando plantadas em condições de baixo azoto - onde as leguminosas dependem principalmente da fixação simbiótica de azoto - demonstraram uma redução do peso fresco dos rebentos (Figura 1). Significativamente, o desenvolvimento dos nódulos não foi afetado pela redução do RNAi de MtPHO1.1 e MtPHO1.2. Ngyuen et al. conseguiram demonstrar, no entanto, que as plantas RNAi tinham uma fixação 3,5 vezes menor de 15N2 marcado radioactivamente do que os controlos.

FÓSFORO E HABITAT DOS MICRORGANISMOS DO SOLO

Impacto das bactérias solubilizadoras de fósforo na disponibilidade de fósforo

Dado que o fósforo é um recurso limitado e não renovável, é crucial saber como utilizá-lo eficazmente. Os dois principais tipos de fósforo no solo, orgânico e inorgânico, constituem a concentração total de fósforo de 0,02-0,2%. A atividade microbiana desempenha um papel importante na redistribuição do fósforo no solo em diversas formas. A maior parte do fósforo está presente no solo sob a forma de complexos de fósforo insolúveis, o que impede as plantas de o utilizarem diretamente. Consequentemente, o fósforo acessível é escasso em mais de 40% da terra arável a nível mundial e em mais de 74% do solo arável na China.

Considerando que A procura de fertilizantes químicos fosfatados aumentou significativamente em resultado da escassez de fósforo acessível no solo, tornando-se um fator importante que limita a produtividade das culturas Por outro lado, apenas 10% a 25% do fertilizante químico fosfatado é realmente utilizado. Esta ineficiência resulta da propensão da maior parte do fósforo libertado para se misturar ou precipitar imediatamente em formas insolúveis, como o fosfato de cálcio em solos alcalinos e o fosfato de alumínio e ferro em solos ácidos. Este facto torna o fósforo indisponível para ser absorvido pelas plantas. O fósforo é um recurso limitado e não renovável.

Para além de agravar a condição de défice de fósforo no solo, a aplicação excessiva de fertilizantes fosfatados resulta noutros problemas como a compactação, desequilíbrio nutricional, acumulação de metais pesados, eutrofização da água, contaminação do ambiente, etc. Os microrganismos solubilizadores de fosfolípidos (PSMs) são um subconjunto de microrganismos promotores do crescimento na rizosfera das plantas que ocorrem naturalmente e são recursos biológicos poderosos essenciais para o ciclo do fósforo no solo. Os PSMs podem libertar protões ou iões orgânicos, que podem transformar o fósforo insolúvel em solúvel. Ao criar microambientes ricos em fósforo no solo ou na rizosfera das plantas, melhoram a eficiência da utilização dos recursos de fósforo.

As PSMs compreendem 50% de bactérias solubilizadoras de fósforo (PSB), sendo Pseudomonas e Bacillus os dois géneros principais.

Desde 1950, os biofertilizantes conhecidos como bactérias solubilizadoras de fósforo (PSB) têm sido utilizados para promover o crescimento e o desenvolvimento das plantas, transformando o fosfato insolúvel no solo numa forma que pode ser utilizada pelas plantas. No entanto, existem dificuldades devido à composição complexa do solo, bem como à rivalidade e hostilidade que existem entre os micróbios nativos. Estas variáveis podem dificultar a colonização e o desenvolvimento dos PSB quando aplicados apenas no solo, o que impediria a sua ampla utilização na agricultura sustentável. Torna-se essencial utilizar materiais de transporte adequados para resolver este problema.

As estirpes inoculadas beneficiam do ambiente protetor destes materiais, o que aumenta a sua probabilidade de sobrevivência no solo e lhes permite desempenhar eficazmente as suas funções biológicas que apoiam o crescimento no campo.

Os investigadores têm prestado muita atenção à utilização do biochar na agricultura e, nos últimos anos, este campo de estudo tem sido muito popular. O biochar é um sólido produzido quando materiais orgânicos, tais como resíduos de culturas, matéria orgânica e resíduos agrícolas e florestais, são pirolisados a altas temperaturas na ausência ou presença limitada de oxigénio. Nomeadamente, o biochar é barato, não tóxico, amigo do ambiente e simples de produzir.

Devido à sua porosidade inata e capacidade de adsorção, pode apoiar o crescimento e a colonização de bactérias benéficas, criando um microambiente favorável. Esta caraterística é crucial para aumentar a sobrevivência das PSB e apoiar a sua capacidade de solubilizar o fósforo. Além disso, o fósforo no solo agrícola que está disponível para as plantas pode ser aumentado por biochar sozinho. Embora se tenha demonstrado que os PSB utilizam uma variedade de formas para solubilizar o fósforo, a maior parte da investigação recente sobre estes processos centrou-se na secreção extracelular dos PSB. As vias metabólicas inatas do PSB têm sido objeto de relativamente pouco estudo.

INFLUÊNCIA DO FÓSFORO NOS MICRORGANISMOS DO SOLO

A flora da rizosfera das plantas superiores, em particular, é uma fonte rica de microrganismos oleaginosos que têm um efeito notável na biodisponibilidade do fósforo no solo. O fósforo que está ligado ao ferro e ao alumínio é libertado juntamente com os fosfatos de cálcio pelos ácidos carboxílicos produzidos pelos micróbios. O ciclo de nutrientes nos solos depende da mineralização microbiana da matéria orgânica, e as fosfatases melhoram a absorção de compostos orgânicos de P pelas plantas superiores. As plantas dependem frequentemente de relações simbióticas com micróbios como os fungos micorrízicos, particularmente em ambientes pobres em nutrientes como os ecossistemas florestais. No entanto, os compostos mobilizadores de P gerados pelas raízes das plantas são também decompostos pela flora da rizosfera.

A renovação microbiana pode libertar minerais limitantes do crescimento, como o P, para as plantas superiores, mas os microrganismos também podem ser rivais formidáveis para estes recursos. Tanto a utilização de microrganismos mobilizadores de P como biofertilizantes como os modelos quantitativos de utilização de P são seriamente dificultados pelo desafio de quantificar todos estes processos intrincados e por vezes contraditórios. Um objetivo essencial para a investigação futura é a investigação destes impactos complicados utilizando metodologias contemporâneas, que também abrangem a grande maioria das bactérias não cultiváveis.

REFERÊNCIAS

Atieno, M., Hermann, L., Okalebo, R., e Lesueur, D. (2012). Eficiência de diferentes formulações de *Bradyrhizobium japonicum* e efeito da co-inoculação de *Bacillus subtilis* com duas estirpes diferentes de *Bradyrhizobium japonicum*. *World J. Microbiol. Biotechnol.* 28, 2541-2550. doi: 10.1007/s11274-012-1062-x PubMed Resumo | CrossRef Full Text | Google Scholar

Bai, Y., D'Aoust, F., Smith, D. L., e Driscoll, B. T. (2002). Isolamento de estirpes *de Bacillus* promotoras do crescimento de plantas a partir de nódulos de raízes de soja. *Can. J. Microbiol.* 48, 238. PubMed Resumo | Google Scholar

Bai, Y., Zhou-Xiao, M., e Smith, D. L. (2003). Crescimento melhorado da planta de soja resultante da coinoculação de estirpes *de Bacillus* com *Bradyrhizobium japonicum*. *Crop Sci.* 43, 1774-1781. doi: 10.2135/cropsci2003.1774 CrossRef Full Text | Google Scholar

Bashir, K., Ali, S., e Umair, A. (2011). Efeito de diferentes níveis de fósforo sobre os componentes da seiva do xilema e sua correlação com as variáveis de crescimento do feijão-miúdo. *Sarhad J. Agric.* 27, 1-6. Google Scholar

Bremner, J. M., e Mulvaney, C. S. (1982). "Nitrogénio total", em Methods of Soil Analysis. Agronomy Monograph 9, 2nd Edn, parte 2, ed. A. L. Page (Madison, WI: American Societate Societate of America). A. L. Page (Madison, WI: American Sociaty of Agronomy), 595-624. Google Scholar

Broughton, W. J., e Dilworth, M. J. (1970). Controlo da síntese de leghemoglobina em feijão-cobra. *J. Biochem.* 125, 1075-1080. doi: 10.1042/bj1251075 PubMed Abstract | CrossRef Full Text | Google Scholar

Camacho, M., Santamaria, C., Temprano, F., Rodriguez-Navarro, D. N., e Daza, A. (2001). A co-inoculação com *Bacillus* sp. CECT 450 melhora a nodulação em *Phaseolus vulgaris* L. *Can. J. Microbiol.* 47, 1058-1062. doi: 10.1139/cjm-47-11-1058 PubMed Resumo | CrossRef Full Text | Google Scholar

Collavino, M. M., Sansberro, P. A., Mroginski, L. A., e Aguilar, O. M. (2010). Comparação da atividade de solubilização in vitro de diversas bactérias solubilizadoras de fosfato nativas de solos ácidos e sua capacidade de promover o crescimento de *Phaseolus vulgaris*. *Biol. Fertil. Soils* 46, 727-738. doi: 10.1007/s00374-010-0480-x CrossRef Full Text | Google Scholar

Compro-II (2014). *Extração de ADN de culturas bacterianas líquidas*. Disponível em: http://www.compro2.org/compro2-publications/Sops/category/8-molecular-biology.html [acedido em 5 de fevereiro de 2015] Google Scholar

Diep, C. N., My, N. T. X., e Nhu, V. T. P. (2016). Isolamento e caraterização de bactérias endofíticas em nódulos radiculares de soja. *World J. Pharm. Pharm. Sci.* 5, 222-241. Google Acadêmico

Ei-Yazeid, A. A., e Abou-Aly, H. E. (2011). Melhorar o crescimento, a produtividade e a qualidade das plantas de tomate utilizando microrganismos solubilizadores de fosfato. *Aust. J. Basic Appl. Sci.* 7, 371-379. Google Scholar

Elkoca, E., Turan, M., e Donmez, M. F. (2010). Efeitos de inoculações simples, duplas e triplas com *Bacillus subtilis*, *Bacillus megaterium* e *Rhizobium leguminosarum* BV. Phaseoli na nodulação, absorção de nutrientes, rendimento e parâmetros de rendimento do feijão comum (*Phaseolus vulgaris* L. CV. 'ELKOCA-05'). *J. Plant Nutr.* 33, 2104-2119. doi: 10.1080/01904167.2010.519084 CrossRef Full Text | Google Scholar

Fatima, Z., Muhammad, Z., e Fayyaz, C. (2006). Efeitos de estirpes de rizóbio e fósforo no crescimento da soja (Glycin Max) e sobrevivência de rizóbio e bactérias solubilizadoras de fósforo. *Pak. J. Bot.* 38, 459-464. Google Scholar

Fernández, L. A., Zalba, P., Gómez, M. A., e Sagardoy, M. A. (2007). Atividade de solubilização de fosfato de estirpes bacterianas no solo e o seu efeito no crescimento da soja em condições de estufa. *Biol. Fertil. Soils* 43, 805-809. doi: 10.1007/s00374-007-0172-3 CrossRef Full Text | Google Scholar

Figueiredo, M. V. B., Martinez, C. R., Burity, H. A., e Chanway, C. P. (2008). Rizobactérias promotoras do crescimento de plantas para melhorar a nodulação e a fixação de azoto no feijão comum (*Phaseolus vulgaris* L.). *World J. Microbiol. Biotechnol.* 24, 1187-1193. doi: 10.1007/s11274-007-9591-4 CrossRef Full Text | Google Scholar

Gicharu, G. K., Gitonga, N. M., Boga, H., Cheruiyot, R. C., e Maingi, J. M. (2013). Efeito da inoculação de cultivares selecionadas de feijão trepador com diferentes estirpes de rizóbios na fixação de azoto. *Int. J. Microbiol. Res.* 1, 25-31. Google Scholar

Goldstein, A. H. (2007). "Future trends in research on microbial phosphate solubilization: one hundred years of insolubility," in First International Meeting on Microbial Phosphate Solubilization, eds E. Velazquez and C. Rodriguez-Barrueco (Dordrecht: Springer), 91-96. Google Scholar

Guiñazu, L. B., Andres, J. A., DelPapa, M. F., Pistorio, M., e Rosas, S. B. (2010). Resposta da alfafa (*Medicago sativa* L.) à inoculação simples e mista com bactérias solubilizadoras de fosfato e *Sinorhizobium meliloti*. *Biol. Fertil. Soils* 46, 185-190. doi: 10.1007/s00374-009-0408-5 CrossRef Full Text | Google Scholar

Hayat, R., Ahmed, I., e Sheirdi, R. A. (2012). "An Overview of Plant Growth Promoting Rhizobacteria (PGPR) for sustainable agriculture," in Crop Production for Agricultural Improvement, eds M. Ashraf, M. Öztürk, M. Sajid, A. Ahmad, and A. Aksoy (Berlin: Springer Science & Business Media), 557-579. Google Scholar

Herridge, D. F., e Danso, S. K. A. (1995). Enhancing crop legume N2 fixation through selection and breeding. *Plant Soil* 174, 51-82. doi: 10.1007/BF00032241 CrossRef Full Text | Google Scholar

Hung, P. Q., Kumar, S. M., Govindsamy, V., e Annapurna, A. (2007). Isolamento e caraterização de bactérias endofíticas de variedades de soja selvagens e cultivadas. *Biol. Fertil. Soils* 44, 155-162. doi: 10.1007/s00374-007-0189-7 CrossRef Full Text | Google Scholar

Jaetzold, R., Schmidt, H., Hornetz, B., e Shisanya, C. (2005). *Farm Management Handbook of Kenya (Manual de Gestão Agrícola do Quénia).* Nairobi: Ministério da Agricultura

Javaid, A., e Mahmood, N. (2010). Crescimento, nodulação e resposta de rendimento da soja a biofertilizantes e adubos orgânicos. *Plant J. Bot.* 42, 863-871.

Jorquera, M. A., Hernández, M. T., Rengel, Z., Marschner, P., e Mora, M. L. (2008). Isolamento de fosfobactérias cultiváveis com atividade de mineralização de fitatos e de solubilização de fosfatos da rizosfera de plantas cultivadas num solo vulcânico. *Biol. Fertil. Soils* 44, 1025-1034. doi: 10.1007/s00374-008-0288-0

KALRO (2008). *Better Bean Varieties (Melhores variedades de feijão).* Disponível em: http://www.kalro.org/fileadmin/publications/brochuresI/Beanvariety.pdf (acedido em 17 de abril de 2015).

Kan, F. L., Chen, Z. Y., Wang, E. T., Tian, C. F., Sui, X. H., e Chen, W. X. (2007). Caracterização de bactérias simbióticas e endofíticas isoladas de nódulos radiculares de leguminosas herbáceas cultivadas no planalto de Qinghai_Tibet e noutras zonas da China. *Arch. Microbiol.* 18, 103-115. doi: 10.1007/s00203-007-0211-3

Khan, M. S., Zaidi, A., e Wani, P. A. (2006). Role of phosphate solubilizing microorganisms in sustainable agriculture-A review. *Agron. Sustain. Dev.* 26, 1-15.

Lane, D. J. (1991). "16S/23S rRNA sequencing", em Nucleic Acid Techniques in Bacterial Systematics, eds E. Stackebrandt e M. Goodfellow (Nova Iorque, NY: Wiley), 115-175.

Li, J. H., Wang, E. T., Chen, W. F., e Chen, W. X. (2008). Diversidade genética e potencial de promoção do crescimento vegetal detectado em bactérias endofíticas de nódulos de soja cultivados na província de Heilongjiang, na China. *Soil Biol. Biochem.* 40, 238-246. doi: 10.1016/j.soilbio.2007.08.014

Medeot, D. B., Paulucci, N. S., Albornoz, A. I, Fumero, M. V., Bueno, M. A., Garcia, M. B., et al. (2010). "Plant growth promoting rhizobacteria improving the legume-rhizobia symbiosis," in Microbes for Legume Improvement, eds M. S. Khan, A. Zaidi, and J. Musarrat (Berlin: Springer-Verlag), 473-494.

Mehlich, A. (1984). Extrato de teste de solo Mehlich 3: uma modificação do extrato Mehlich 2. *Commun. Soil Sci. Plant Anal.* 15, 277-294. doi: 10.1080/00103628409367568

Mehrpouyan, M. (2011). "Nitrogen fixation efficiency in native strains compared with non-native strains of rhizobia leguminosarum," in Proceedings of the International Conference on Environment Science and Engineering IPCBEE, Vol. 8, (IACSIT Press: Singapore), 216-219.

Mishra, P. K., Mishra, S., Selvakumar, G., Bishr, J. K., Kundu, S., e Gupta, H. S. (2009). A co-inoculação de *Bacillus thuringeinsis-KR1* com *Rhizobium leguminosarum* melhora o crescimento das plantas e a nodulação da ervilha (*Pisum sativum* L.) e da lentilha *(Lens culinaris* L.). *World J. Microbiol. Biotechnol.* 25, 753-761. doi: 10.1007/s11274-009-9963-z

Moreira, F. M. S., Carvalho, T. S., e Siqueira, J. O. (2010). Efeito de fertilizantes, calcário e inoculação com rizóbios e fungos micorrízicos no crescimento de quatro espécies leguminosas arbóreas em um solo de baixa fertilidade. *Biol. Fertil. Soils* 46, 771-779. doi: 10.1007/s00374-010-0477-5

Morel, M. A., Braña, V., e Castro-Sowinski, S. (2012). Leguminosas, importância e uso da inoculação bacteriana para aumentar a produção. *Crop* Plant 12, 218-240.

Mungai, N. W., Bationo, A., e Waswa, B. (2009). Propriedades do solo influenciadas pela gestão da fertilidade do solo em explorações de milho de pequena escala em Njoro, Quénia. *J. Agron.* 8, 131-136. doi: 10.3923/ja.2009.131.136

Muresu, R., Polone, E., Sulas, L., Baldan, B., Tondello, A., Delogu, G., et al. (2008). Coexistência de rizóbios predominantemente não cultiváveis com diversos taxa bacterianos endofíticos em nódulos de leguminosas silvestres. *FEMS Microbiol. Ecol.* 63, 383-400. doi: 10.1111/j.1574-6941.2007.00424.x

Mweetwa, A. M., Chilombo, G., e Gondwe, B. M. (2016). Nodulação, absorção de nutrientes e rendimento de feijão comum inoculado com Rhizobia e Trichoderma em um solo ácido. *J. Agric. Sci.* 8, 61-71. doi: 10.5539/jas.v8n12p61

Narula, S., Anand, R. C., e Dudeja, S. S. (2013). Traços benéficos de bactérias endofíticas de nódulos de ervilha de campo e promoção do crescimento de plantas de ervilha de campo. *J. Food Legume* 26, 73-79.

Njoka, E. M., Kimurto, P. K., Towett, B. K., Ogumu, M. O., Ngolo, A., Macharia, J. K., et al. (2009). Desenvolvimento e libertação de 3 variedades de feijão (AFR 708, Lyamungu-85 e Ciankui) para produção comercial em altitudes elevadas e médias do Quénia. Relatórios KEPHIS, Vol. 9 (Nairobi: Kenya Gazette).

Okalebo, J. R., Gathua, K. W., e Woomer, P. L. (2002). *Métodos Laboratoriais de Análise de Solos e Plantas: A Working Manual, KARI, SSSEA, TSBF, SACRED Africa*, Second Edn. Nairobi: Universidade de Moi, 128.

Olivera, M., Tejera, N., Iribarne, C., Ocana, A., e LIuch, C. (2004). Crescimento, fixação de azoto e assimilação de amónio no feijão comum (*Phaseolus vulgaris*): efeito do fósforo. *Physiol. Plant.* 121, 498-505. doi: 10.1111/j.0031-9317.2004.00355.x

Pandya, M., Rajput, M., e Rajkumar, S. (2015). Explorando o potencial de promoção do crescimento vegetal de nódulos radiculares não rizobiais endófitos de vigna radiate. *Microbiologia* 84, 110-119. doi: 10.1134/S0026261715010105

Qureshi, M. A., Shakir, M. A., Iqbal, A., Akhtar, N., e Khan, A. (2012). Co-inoculação de bactérias solubilizadoras de fosfato e rizóbios para melhorar o crescimento e o rendimento do feijão-mungo (*Vigna radiata* L.). *J. Anim. Plant Sci.* 21, 491-497.

Rajendran, G., Sing, F., Desai, A. J., e Archana, G. (2008). Crescimento e nodulação melhorados da ervilha-de-angola por co-inoculação de estirpes *de Bacillus* com Rhizobium sp. *Bioresour. Technol.* 99, 4544-4550. doi: 10.1016/j.biortech.2007.06.057

Remans, R., Croonenborghs, A., Gutierrez, R. S., Michiels, J., e Vanderleyden, J. (2007). Os efeitos de rizobactérias promotoras do crescimento de plantas na nodulação de *Phaseolus vulgaris* L. dependem da nutrição de P da planta. *Eur. J. Plant Pathol.* 119, 341-351. doi: 10.1007/s10658-007-9154-4

Richardson, A. E., Barea, J. M., McNeill, A. M., e Prigent-Combaret, C. (2009). Aquisição de fósforo e azoto na rizosfera e promoção do crescimento das plantas por microrganismos. *Plant Soil* 321, 305-339. doi: 10.1007/s11104-009-9895-2

Sá, A. L. B., Dias, A. C. F., Teixeiria, M. A., e Vieira, R. F. (2012). "Contribuição da fixação de N2 para a agricultura mundial", in Bacteria in Agrobiology: Plant Probiotics, ed. D. K. Maheshwari (Berlim: Springer-Verlag), 33-42.

Saini, P., e Khana, V. (2012). Avaliação de rizobactérias nativas como promotoras do crescimento das plantas para aumentar o rendimento das lentilhas (*Lens culinaris*). *Recent Res. Sci. Technol.* 4, 5-9.

Sharma, S. B., Sayyed, R. Z., Trivedi, M. H., e Gobit, T. A. (2013). Micróbios solubilizadores de fosfato: abordagem sustentável para a gestão da deficiência de fósforo em solos agrícolas. *Springerplus* 2, 587-601. doi: 10.1186/2193-1801-2-587

Shiri-Janagard, M., Raei, Y., Gasemi-Golezani, G., e Aliasgarzad, N. (2012). Influência de *Bradyrhizobium japonicum* e bactérias solubilizadoras de fosfato no rendimento da soja em diferentes níveis de nitrogênio e fósforo. *Int. J. Agron. Plant Prod.* 3, 544-549.

Silva, V. N., Silva, L. E. S. F., Martinez, C. R., Seldin, L., Burity, H. A., e Figueiredo, M. V. B. (2007). Efeito de estirpes de *Paenibacillus* na nodulação específica na simbiose *Bradyrhizobium-bacillus*. *Ata Sci. Agron.* 29, 331-338.

Singh, J. S. (2013). Rizobactérias promotoras do crescimento de plantas. Micróbios potenciais para a agricultura sustentável. *Ressonância* 18, 275-281. doi: 10.1007/s12045-013-0038-y

Stajkovic, O. (2009). Isolamento e caraterização de bactérias endofíticas não rizobiais de nódulos radiculares de alfafa (*Medicago sativa* L.). *Bot. Sérvia* 33, 107-114.

Stajkovic, O., Delic, D., Josic, D., Kuzmanovic, D., Rasulic, N., e Vukcevic, K. J. (2011). Melhoria do crescimento do feijão comum por co-inoculação com Rhizobium e bactérias promotoras do crescimento de plantas. *Rom. Biotechnol. Lett.* 16, 5919-5926.

Tariq, M., Hameed, S., Yasmeen, T., e Ali, A. (2012). Bactérias não rizobiais para melhorar a nodulação e o rendimento de grãos de feijão mungo [*Vigna radiata* (L.) Wilczek]. *Afr. J. Biotechnol.* 11, 15012-15019.

Tariq, M., Hameed, S., Yasmeen, T., Zahid, M., e Zafar, M. (2014). Caracterização molecular e identificação de bactérias endofíticas promotoras do crescimento vegetal isoladas dos nódulos radiculares da ervilha (*Pisum sativum* L.). *World J.Microbiol. Biotechnol.* 30, 719-725. doi: 10.1007/s11274-013-1488-9

Tilak, K. V. B. R., Ranganayaki, N., e Manoharachari, C. (2006). Efeitos sinérgicos de rizobactérias promotoras do crescimento de plantas e Rhizobium na nodulação e fixação de azoto pela ervilha-de-angola (*Cajanus cajan*). *European Journal of Soil Science* 57, 67-71. doi: 10.1111/j.1365-2389.2006.00771.x

Trabelsi, D., Mengoni, A., Ammar, H. B., e Mhamdi, R. (2011). Efeito da inoculação no campo de *Phaseolus vulgaris* com rizóbios nas comunidades bacterianas do solo. *FEMS Microbiol. Ecol.* 77, 211-222. doi: 10.1111/j.1574-6941.2011.01102.x

Tsigie, A., Tilak, K. V. B. R., e Anil, K. S. (2012). Resposta de campo de leguminosas à inoculação com rizobactérias promotoras do crescimento de plantas. *Biol. Fertil. Soils* 47, 971-974. doi: 10.1007/s00374-011-0573-1

ÍNDICE

Printed by Books on Demand GmbH, Norderstedt / Germany